咖啡拉花圖解

從平面到立體

張增鵬　著

作者序

　　品味一杯不一樣的咖啡，帶有怡情藝術的氣息，用輕鬆愉快的心情啜飲一杯香濃咖啡，療癒的滋味讓心情更加愉快。帶有可愛造型的咖啡每杯都有著不一樣的心境，改變心情，創造不同的品味生活。

　　期待每一位讀者都能用不同的心情調整自己的感覺，更能療癒自己，也能讓別人感染好心情，使大家的咖啡生活更為充實，將是編寫本書的最大效益，希望對各位讀者能助益良多。

　　感　謝
自盛股份有限公司
鐘明諺先生、吳音葳小姐
全力協助拍攝

張增鵬

推薦序

　　與張增鵬先生相識三十餘年，他一直在各大專院校、高職、救國團、職訓中心……等，從事雞尾酒調配、飲料調製、餐巾摺疊、水果切雕、咖啡調製拉花等等之專業教學與研究，在這些專業領域中人們所稱的「張老師」，學員遍布全臺各地，並在各種比賽中獲獎無數、表現傑出。

　　拜臺灣經濟之賜，人們的生活水平提升，相對的也影響到日常生活中的飲食習慣，尤其是當年被認為是「舶來品」奢侈象徵的咖啡，二十年來如雨後春筍般在臺灣蓬勃發展，如今已進入人們的日常生活中，是生活裡不可或缺的一部分；從早期簡單的咖啡，到今日花樣百出的各式調製方式，滿足人們對視覺上「美」的追求。

　　張老師前有飲料調製書籍出版，現又以私人專業所學及經驗累積，呈現出咖啡立體拉花之「美藝」，希望能讓讀者們生活多些樂趣，也期盼讀者們能從書中獲得有助於您的寶貴的知識。

臺北市調酒協會榮譽理事長

鍾茂禎

推薦のことば

　本書は張　増鵬氏が長年研究、指導してこられました『コヒー泡立ち』を
テーマに集大成したものです。『技術』から『藝術』への指南書として、飲食
業関係及び専門的に学んでいる方には欠かせない教本となるでしょう。

　技能的と藝術的な両面を併せ持つコヒー泡立ち技術等の総合的な指導書と
して役立つ本書である。

　張　増鵬氏が『コヒー泡立ち』に取り組む旺盛なエネルギーが『藝術』と
して表現し、コヒーの魅力を最大限に力強く、わかりやすく解説、表現してお
ります。

　張　増鵬氏の知識を超えた藝術的な知識に誰もが注目し、『コヒー泡立
ち』に対する概念を根本的に変えて、新しい可能性を感じることができる事で
しょう。

　張　増鵬氏の経験と研究に基づいてまとめられた本著書は 21 世紀をリード
するにふさわしい藝術的内容に満ちたものであり、正に時宜を得た好書として
惜しみない賛美と拍手を添えて推薦する次第です。

2018 年 2 月 1 日

日本國沖縄

一般社団法人泡盛マイスター協会

会長　新垣　勝信

推薦序

　　一杯咖啡吸引人之處，除了咖啡口感，美麗新奇的拉花也同時給人味覺以外的視覺饗宴，並且拓展咖啡給人的感官廣度。然而目前飲品界多半以平面拉花為主，像是一般基礎心型、蕨類拉花等，這些咖啡拉花都是根據奶泡、穩定化、倒入起點、奶柱粗細、高度差調整、流速、倒入方式等條件，產生多樣性的變化；立體拉花咖啡則截然不同，需要混入顏色、泡沫、雕塑等元素，結果是驚艷整個飲品世界。

　　本書的所有拉花技法皆針對無法滿足於基礎拉花的讀者，以做出自己的風格、創意為目標，設計視覺感十足的作品。本書作者張增鵬先生除了是工作多年的老吧檯、同時也任教於北部救國團飲料課程超過二十年，目前也是台北市調酒協會理事長，張老師從事飲料教育及推廣工作多年、努力不懈，今逢他將其多年吧檯經驗融入飲品立體拉花書籍之撰寫及實務操作範例，不吝於將個人所學分享給更多需要、想要學習的人，內心對他十分感佩，希望讀者在研讀與練習的同時，能進入另一層次體驗立體拉花世界的廣博；本人很高興有機會為增鵬兄寫這篇推薦序，相信此書必為飲品界提供實用的範本，對於日後的工作必可得事半功倍之效。

國立臺東專科學校餐旅管理科

專任副教授兼科主任

鄒慧芬 博士

民國一百零七年二月

Chapter 1

初心者小學堂
基礎器具講解

Chapter 2

不可不知的
入門知識

Chapter 3

立體拉花

Chapter 4

平面雕花

Chapter 1

初心者小學堂
基礎器具講解

- ▸ 咖啡器具介紹
- ▸ 摩卡壺部件說明
- ▸ 摩卡壺使用方法
- ▸ 活用器具
- ▸ 副材料介紹

摩卡壺

虹吸式
咖啡壺

立體奶泡壺

那不勒斯
顛倒壺

義式咖啡機

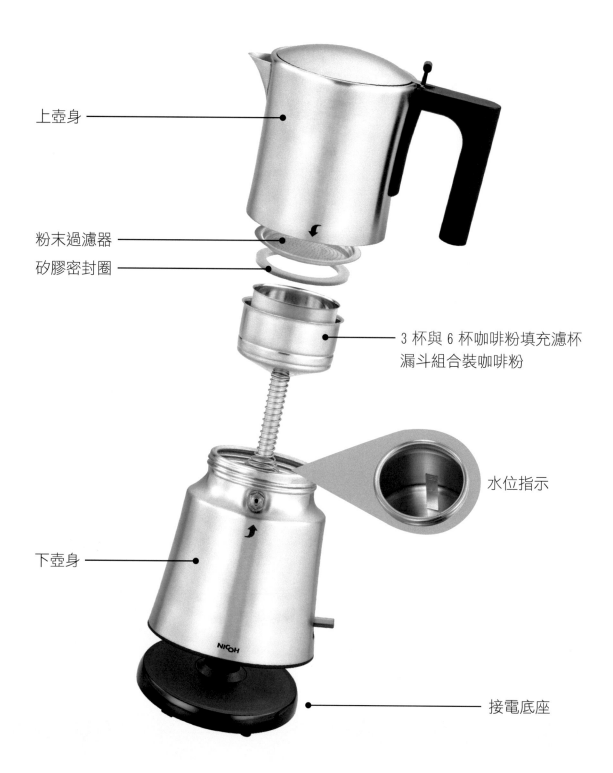

上壺身

粉末過濾器

矽膠密封圈

3 杯與 6 杯咖啡粉填充濾杯
漏斗組合裝咖啡粉

水位指示

下壺身

接電底座

1. 第一次使用時應徹底清洗咖啡壺，不加咖啡先用水煮一次。

2. 把電源底座放置於牢固且抗熱的水平面上，接近電源插座，要遠離兒童。

3. 旋開上壺身，如果需要煮 6 杯咖啡，往下壺身裝水至 6 杯水位線；如需煮 3 杯咖啡，往下壺身裝水至 3 杯水位線。

4. 取出漏斗，在漏斗中加入咖啡粉。如煮 6 杯咖啡，請加入 6 杯漏斗；如煮 3 杯咖啡，請加入 3 杯漏斗。

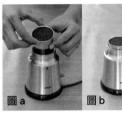

圖 a　　　圖 b

5. 敲側邊，輕輕抹平。

6. 使咖啡粉均勻分佈，去掉漏斗邊緣多餘的咖啡粉。

7. 下壺身放入 3 杯與 6 杯咖啡粉填充濾杯，放上套上矽膠密封圈的粉末過濾器。（圖 a ～ b）

8. 順時針將上下壺身牢固地鎖在一起，必須鎖至上下箭頭對齊，放在電源底座上，插上插頭。

9. 按下開始按鈕，當開始煮咖啡時，下壺身開關制上的指示燈會亮，咖啡壺會在幾分鐘之內開始將咖啡沖入上壺身。

10. 咖啡煮好後，下壺身的指示燈會自動熄滅，攪拌咖啡使其混合均勻後即可享用。

注意：本機不需加濾紙使用，但煮好咖啡上壺底會有少量咖啡渣，倒入清水即可沖洗乾淨。如果要加濾紙，濾紙放於咖啡粉上才正確。

咖啡樹苗

花茶杯

湯匙
咖啡匙
畫筆
筷子

濃縮咖啡杯

雕花筆

寬口咖啡杯

濃縮咖啡杯

濃縮咖啡杯

木匙

裝飾醬

巧克力米、巧克力片

甜味劑

棉花糖

果糖

巧克力醬

四色水

著色罐

Chapter 2

不可不知的
入門知識

咖啡基礎小學堂

咖啡配比解析

義大利濃縮咖啡 Espresso（30 ～ 45c.c. 濃縮咖啡液）

卡布奇諾 Cappuccino（泡沫 1：牛奶 1：濃縮咖啡液 1）

拿鐵咖啡 Latte（泡沫 1：牛奶 2：濃縮咖啡液 1）

瑪琪雅朵咖啡 Macchiato（泡沫 1：濃縮咖啡液 1）

調味拿鐵咖啡 Flavored Latte（泡沫 1：牛奶 2：濃縮咖啡液 1：糖漿適量）

康寶藍咖啡 Con Panna（泡沫鮮奶油 1：濃縮咖啡液 1）

摩卡咖啡 Cafe'Mocha（泡沫 1：牛奶 2：濃縮咖啡 1：巧克力適量）

招牌咖啡 Regular Café（熱水 3：濃縮咖啡液 1）

火山爆發咖啡 Affogato（濃縮咖啡液 1：冰淇淋 1 球）

義大利濃縮咖啡 Espresso

卡布奇諾 Cappuccino

拿鐵咖啡 Latte

瑪琪雅朵咖啡 Macchiato

調味拿鐵咖啡 Flavored Latte

康寶藍咖啡 Con Panna

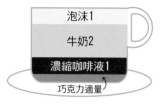

摩卡咖啡 Cafe'Mocha

招牌咖啡 Regular Café

火山爆發咖啡 Affogato

奶泡的製作方法

教你如何打好立體奶泡

1 準備立體奶泡壺一組。

2 將冰全脂牛奶倒入 150cc 至電動奶泡壺加熱環的地方，以牛奶淹過加熱環為適當的量。

3 按下上方加熱開關啟動加熱，約三分鐘後即加熱完成；靜待牛奶與空氣溶合約 5 ～ 7 分鐘即可完成立體奶泡。

4 將完美的奶泡，使用圓湯匙舀到杯中待用。

如何調製手打奶泡？

1 鋼盆倒入清水，水量約鋼盆之 2/5 ～ 3/5，加熱至滾。

2 全脂牛奶放入大鋼杯中，隔水加熱至牛奶攝氏 65 ～ 70℃。

3 加熱期間須不時以吧叉匙攪拌以利加熱溫度均衡。

（續下頁）

（承前頁）

4 加熱好的牛奶倒至「牛奶發泡壺」約一半的高度。

5 蓋好上蓋，調整上蓋至氣孔朝前，以利空氣進出產生對流。

6 握住柄頭上下推拉，將奶泡上下拉勻，約 30 下左右，作出綿密細緻的奶泡。

 奶泡使用須知

❶ 將較粗的奶泡刮除，綿密奶泡倒入拉花鋼杯充分搖勻，讓奶泡均勻融入牛奶中（如果缺乏這個動作，奶泡與熱牛奶會呈現分離狀態，注入時的奶柱不具備厚度），注入過程會是綿密的奶泡，均勻注入才會有美麗的造型。

❷ 打好的奶泡，將較粗的奶泡刮除，即刻將奶泡搖均勻，待奶泡呈現光亮、上下平均，隨即準備倒入，成功的奶泡與濃縮咖啡會確實混合，呈現你所需的造型。

 成功 VS. 失敗奶泡

優劣比較　　　奶泡	成功 ☺	失敗 ☹
外觀	飽滿可口	普通熱牛奶
滿杯狀態	不會溢出	溢出
表面張力	有	無
倒出奶柱	較粗	較細
牛奶質感	有厚度	無厚度

立體拉花的「設計圖」

基本的設計要領：草圖階段

沒有靈感？從生活中熟悉的事物著手吧！

黑熊、小鹿、傲嬌的貓咪、忠誠的狗狗等，或者繪製大家耳熟能詳的。紀錄每一天的生活，把自己對於生活的體悟透過圖像繪製記錄，將所有的感動與失落都化為創作的養分，探索立體拉花世界。

設計草圖　　　　　　　　實際成品

製作的入門要領：腦內演練

繪製完草稿後先別急著進入實作階段，預先構想呈現圖案只是第一步，實作前我們還得「**腦內演練**」一番。

「腦內演練」就是先在腦海演練一次整體製作流程，例如牛奶注入的起始點在哪裡？手腕晃動的速率為何？整體動線是什麼？疊起奶泡層次的先後順序？設計一杯拉花的基本流程為：❶ 構思草稿→ ❷ 腦內演練→ ❸ 實際製作。在 ❷ 腦內演練無法釐清制作邏輯的人，進入 ❸ 實際製作也會失敗。

成功的腦內演練必須釐清整體製作流程，預先設想各種可能發生的情況。在注入奶泡後，立體拉花的基本概念是「堆疊」，底部必須有一個大範圍的支撐物，才能繼續往上堆疊，接著上巧克力醬、使用甜味劑著色。

實作方法 & 顏料的調和與著色

1 左手將硬奶泡舀起，右手搭配雕花筆將奶泡刮入咖啡杯中。

2 將作好的造型加上耳朵，製作手腳。

3 使用較硬的巧克力醬點綴表情，加入手掌與腳掌繪製，讓圖案更加生動。

4 搭配甜味劑，以甜味劑 1：清水 5 的比例稀釋，用畫筆沾取適量，於想增添色澤的部位輕輕染色即可。

 每杯拉花依照感覺製作不同的表情吧～

Q1：手打的熱奶泡溫度，需要加熱到多少度呢？

Ans：熱奶泡最佳溫度，應該在 65 ～ 70℃ 是最好的。

Q2：牛奶使用時，是要選用全脂還是低脂的牛奶呢？

Ans：請選用全脂的牛奶，乳脂肪佳，奶泡才容易生成。

Q3：請問一杯濃縮咖啡的容量是要多少，才是合適的？

Ans：一杯濃縮咖啡的量，是以 30cc ～ 45cc 為一個標準量。

Q4：請問義式咖啡機和摩卡壺的大氣壓力有差別嗎？

Ans：義式咖啡機的壓力是 9Bar，摩卡壺的壓力是 3Bar。

Q5：立體咖啡的奶泡，打好之後是要如何的處置？

Ans：立體奶泡機打好之後，需要靜置 5 ～ 7 分鐘，讓它的奶泡充分接觸空氣，才能生成較完美的立體奶泡，這個時間的奶泡是最佳狀態，可立刻開始製作想要的造型。

Q6：使用摩卡壺，義式咖啡粉的顆粒要多細呀？

Ans：如果使用 600N 的磨豆機，要把顆度調在 1 號到 1 號半左右。

Q7：請問煮摩卡壺的火量大小要如何控制？

Ans：煮摩卡壺的火量，要使用中火，火量大小不宜超過摩卡壺底部，否則壺底容易燒壞。

Q8：請問使用摩卡壺，需要放置濾紙過濾嗎？

Ans：義式咖啡粉的顆粒較細，使用濾紙過濾，煮好的咖啡才不會摻雜細微的咖啡渣，口感較佳。

Chapter 3

立體拉花

☕ 歡樂五小福

使用材料

濃縮咖啡液	適量
奶泡	適量
巧克力醬	適量

使用器具

咖啡匙
雕花筆
畫筆

1 徐徐注入奶泡。

2 使用咖啡匙和雕花筆製作球形。

3 以相同手法完成五個球形。

4 雕塑耳朵圖形。

5 雕塑手腳。

6 繪製眼睛、嘴巴。

7 繪製腳掌造型。

8 畫筆沾上咖啡液，妝點耳朵。

 # 笑臉小熊

使用材料

濃縮咖啡液	適量
奶泡	適量
巧克力醬	適量

使用器具

大湯匙
咖啡匙
雕花筆

1 徐徐注入奶泡。

2 注入奶泡至滿杯。

3 挖出一球奶泡，製作臉部立體感。

4 巧克力醬擠出眉毛。

5 巧克力醬擠出眼睛。

6 巧克力醬擠出鼻子。

7 巧克力醬擠出嘴巴。

8 巧克力醬擠出腳掌。

 頑皮小貓

使用材料

濃縮咖啡液	適量
奶泡	適量
巧克力醬	適量
桃色甜味劑	適量
橘色甜味劑	適量

使用器具

小湯匙
咖啡匙
畫筆
雕花筆

1 徐徐注入奶泡至滿杯。

2 挖出一球奶泡，製作頭部。

3 重覆步驟 2，完成頭部製作。

4 挖出一球奶泡，製作耳朵。

5 重覆步驟 4，完成整體構圖。

6 巧克力醬擠出耳朵、眼睛、嘴巴。

7 橘色甜味劑妝點嘴巴。

8 桃色甜味劑妝點腮紅。

 # 金色牧羊犬

使用材料

濃縮咖啡液	適量
奶泡	適量
巧克力醬	適量

使用器具

小湯匙
咖啡匙
畫筆
雕花筆

1 徐徐注入奶泡至滿杯。

2 挖一小球奶泡，製作基底。

3 挖一球奶泡，製作頭部，以咖啡匙調整造型。

4 挖一小球奶泡，製作頭髮造型。

5 巧克力醬擠出嘴巴、眼睛。

6 以咖啡液妝點頭髮。

7 力道輕巧，小心妝點頭髮。

8 避免用力過猛使奶泡塌陷。

使用材料		使用器具
濃縮咖啡液	適量	小湯匙
奶泡	適量	咖啡匙
巧克力醬	適量	雕花筆

1 徐徐注入奶泡。

2 注入至滿杯。

3 挖一球奶泡，搭配咖啡匙小心放入咖啡表面。

4 完成三個圓球基底。

5 取適量奶泡，小心製作耳朵。

6 重覆上述步驟，完成二隻貓咪耳朵。

7 重覆上述步驟，完成三隻貓咪耳朵。

8 挖四球奶泡，製作貓咪手部。

9 巧克力醬擠出貓咪耳朵。

10 以巧克力醬擠第一隻貓咪眼睛。

11 繼續擠第二隻貓咪眼睛，稍作變化。

12 完成對稱的眼部。

13 製作貓咪嘴巴、鬍鬚。

14 製作其他貓咪的嘴巴與鬍鬚。

15 巧克力醬擠出可愛的腳掌。

16 完成對稱的手部。

 # 可愛小貓咪

使用材料		使用器具
濃縮咖啡液	適量	大湯匙
奶泡	適量	小湯匙
巧克力醬	適量	咖啡匙
黃色甜味劑	適量	畫筆
		雕花筆

1 備妥濃縮咖啡液。

2 徐徐注入奶泡。

3 注入奶泡至滿杯。

4 小湯匙取適量奶泡，製作靠枕。

5 大湯匙取適量奶泡，製作貓咪臉部。

6 咖啡匙取適量奶泡，製作手部。

7 重覆上述步驟，製作對稱的手部。

8 咖啡匙取適量奶泡，製作對稱的腳部。

9 咖啡匙取適量奶泡，製作耳朵。

10 完成對稱的耳朵。

11 咖啡匙微調細節。

12 巧克力醬擠出耳朵、眼睛。

13 繪製眼睛與嘴巴、鬍鬚。

14 繪製腳掌。

15 繪製手掌。

16 黃色可甜味劑妝點腳掌。

使用材料		使用器具
濃縮咖啡液	適量	小湯匙
奶泡	適量	咖啡匙
巧克力醬	適量	畫筆
桃色甜味劑	適量	雕花筆

1 備妥濃縮咖啡液。

2 徐徐注入奶泡。

3 注入奶泡至滿杯。

4 挖一球奶泡，搭配咖啡匙製作頭部。

5 重覆上述步驟，完成五個頭部。

6 挖一小球奶泡，製作腳掌。

7 咖啡匙取適量奶泡，製作貓耳朵。

8 重複上述步驟，製作對稱耳朵。

9 重複上述步驟，製作耳朵。

10 完善五隻小貓的耳朵，微調細節。

11 巧克力醬擠出耳朵。

12 巧克力醬擠出眼睛。

13 巧克力醬擠出嘴巴。

14 巧克力醬擠出腳掌。

15 完善腳掌細節。

16 桃色甜味劑妝點腮紅。

 幸福貓

使用材料		使用器具
濃縮咖啡液	適量	小湯匙
奶泡	適量	咖啡匙
巧克力醬	適量	雕花筆

1 備妥濃縮咖啡液。

2 徐徐注入奶泡。

3 注入奶泡至滿杯。

4 湯匙取適量奶泡,製作身體。

5 咖啡匙取適量奶泡,製作尾巴。

6 慢慢拖曳奶泡,調整出理想形狀。

7 咖啡匙取適量奶泡,製作耳朵。

8 微調耳朵形狀。

9 咖啡匙取適量奶泡,製作手掌。

10 重覆上述步驟,完成雙手。

11 咖啡匙取適量奶泡,完成尾巴。

12 巧克力醬擠出眼睛。

13 巧克力醬擠出嘴巴、耳朵。

14 巧克力醬擠出鬍子。

15 巧克力醬擠出手掌、尾巴。

16 巧克力醬擠出腳掌。

 幸福湯圓

使用材料

濃縮咖啡液	適量
奶泡	適量
巧克力醬	適量
橘色甜味劑	適量
黃色甜味劑	適量

使用器具

小湯匙
咖啡匙
畫筆
雕花筆

1 備妥濃縮咖啡液。

2 徐徐注入奶泡。

3 注入奶泡至滿杯。

4 挖一球奶泡，搭配雕花筆製作第一個湯圓。

5 重覆上述步驟，完成第二個湯圓。

6 重覆上述步驟，完成第三個湯圓。

7 重覆上述步驟，完成第四個湯圓。

8 巧克力醬擠出眼睛、嘴巴。

9 變化臉部表情。

10 畫筆沾上黃色甜味劑，輕巧的上色。

11 力道輕巧，小心填色。

12 避免用力過猛使奶泡塌陷。

13 橘色甜味劑妝點嘴巴。

14 橘色甜味劑妝點腮紅。

15 橘色甜味劑妝點腮紅。

16 完成上色。

使用材料

濃縮咖啡液	適量
奶泡	適量
巧克力醬	適量
桃色甜味劑	適量

使用器具

小湯匙
雕花筆
畫筆

1 徐徐注入奶泡。

2 注入奶泡至五分滿。

3 持續注入奶泡。

4 注入奶泡至滿杯。

5 小湯匙取一球奶泡,以雕花筆輔助,製作頭部。

6 完成頭部。

7 製作耳朵。

8 完成耳朵和雙腳製作。

9 製作雙手。

10 完成雙手製作。

11 以巧克力妝點臉部、手掌。

12 完成臉部、手掌造型。

13 巧克力醬妝點腳掌。

14 妝點耳朵部位。

15 桃色甜味劑妝點耳朵、腮紅、手掌、腳掌。

16 完成粉紅貓。

使用材料

濃縮咖啡液	適量
奶泡	適量
巧克力醬	適量

使用器具

小湯匙
咖啡匙
雕花筆
畫筆

1 徐徐注入奶泡。

2 注入奶泡至四分滿。

3 持續注入奶泡。

4 使用咖啡匙和雕花筆製作臉部。

5 塑造貓咪身體。

6 製作耳朵。

7 完成構圖。

8 巧克力醬擠出耳朵。

9 巧克力醬擠出腳部。

10 巧克力醬擠出臉部造型。

11 臉部表情完成。

12 妝點尾巴部位。

13 畫筆沾上咖啡液,妝點腮紅。

14 咖啡液妝點腳部、身體。

15 完成身體妝點。

使用材料		使用器具
濃縮咖啡液	適量	小湯匙
奶泡	適量	咖啡匙
巧克力醬	適量	雕花筆

1 備妥濃縮咖啡液。

2 徐徐注入奶泡。

3 注入奶泡至滿杯。

4 挖一球奶泡，搭配雕花筆製作頭部。

5 重覆上述步驟，完成三隻貓咪的頭部，咖啡匙取適量奶泡，完成構圖。

6 咖啡匙取適量奶泡，製作腳掌。

7 咖啡匙取適量奶泡，製作耳朵。

8 重覆上述步驟，完成耳朵。

9 重覆上述步驟，完成耳朵。

10 重覆上述步驟，完成耳朵。

11 巧克力醬擠出耳朵、眼睛。

12 巧克力醬擠出嘴巴起始。

13 完成嘴巴，擠出耳朵。

14 巧克力醬擠出眼睛。

15 擠出嘴巴、裝飾。

16 完成招財貓。

44

使用材料		使用器具
濃縮咖啡液	適量	小湯匙
奶泡	適量	咖啡匙
巧克力醬	適量	雕花筆

1 徐徐注入奶泡。

2 注入奶泡至七分滿。

3 注入奶泡至滿杯。

4 挖一球奶泡,搭配雕花筆製作頭部。

5 重覆上述步驟,製作第二個頭部。

6 咖啡匙取適量奶泡,製作耳朵。

7 重覆上述步驟,完成對稱的耳朵。

8 挖一球奶泡,搭配咖啡匙製作身體。

9 咖啡匙取適量奶泡,製作雙腳。

10 完成對稱的雙腳。

11 微調整體細節。

12 巧克力醬擠出耳朵、眼睛、鼻子。

13 巧克力醬妝點衣服。

14 巧克力醬擠出鬍鬚。

15 完成對稱的鬍鬚。

16 加入年分字樣。

使用材料		使用器具
濃縮咖啡液	適量	小湯匙
奶泡	適量	咖啡匙
巧克力醬	適量	畫筆
桃色甜味劑	適量	雕花筆

1 徐徐注入奶泡。

2 注入奶泡至八分滿。

3 注入奶泡至滿杯。

4 挖一球奶泡,搭配咖啡匙製作一顆頭部。

5 重覆上述步驟,完成第二顆頭部。

6 重覆上述步驟,完成第四顆頭部。

7 重覆上述步驟,完成第六顆頭部。

8 重覆上述步驟,完成第八顆頭部。

9 咖啡匙取適量奶泡,製作耳朵。

10 重覆上述步驟,製作耳朵。

11 重覆上述步驟,完成構圖。

12 巧克力醬擠出耳朵、眼睛。

13 巧克力醬擠出嘴巴。

14 巧克力醬擠出鬍鬚。

15 完善貓咪們的整體臉部表情。

16 畫筆沾上桃色甜味劑,妝點嘴巴、腮紅。

使用材料		使用器具
濃縮咖啡液	適量	大湯匙
奶泡	適量	小湯匙
巧克力醬	適量	咖啡匙
		雕花筆

1 備妥濃縮咖啡液。

2 徐徐注入奶泡。

3 注入奶泡至滿杯。

4 大湯匙挖一球奶泡，搭配雕花筆製作頭部。

5 微調圓頂造型。

6 小湯匙挖一球奶泡，搭配咖啡匙製作頭部。

7 巧克力醬擠出眉毛。

8 巧克力醬擠出對稱眼睛。

9 巧克力醬擠出鼻子、嘴巴。

10 繼續擠出眼睛。

11 稍微移動瞳孔位置，製造變化感。

12 將瞳孔點在內側。

13 巧克力醬擠出嘴巴。

14 咖啡匙取適量奶泡，製作奶泡立體感。

15 巧克力醬擠出三個點。

16 完成哥倆好。

使用材料		使用器具
濃縮咖啡液	適量	大湯匙
奶泡	適量	咖啡匙
巧克力醬	適量	畫筆
桃色甜味劑	適量	雕花筆

1 徐徐注入奶泡。

2 注入奶泡至九分滿。

3 注入奶泡至滿杯。

4 挖一球奶泡，搭配雕花筆製作頭部。

5 咖啡匙取適量奶泡，製作耳朵。

6 製作對稱耳朵。

7 檢視耳朵造型，修飾整體。

8 巧克力醬擠出眼睛。

9 巧克力醬擠出鬍鬚。

10 巧克力醬擠出鼻子、耳朵。

11 咖啡匙取適量奶泡，製作身體。

12 巧克力醬確認嘴部起始。

13 繪製微笑弧線。

14 巧克力醬擠出領結。

15 畫筆沾上桃色甜味劑，填滿領結。

16 繼續填滿耳朵。

使用材料		使用器具
濃縮咖啡液	適量	大湯匙
奶泡	適量	小湯匙
巧克力醬	適量	咖啡匙
		畫筆
		雕花筆

1 徐徐注入奶泡。

2 注入奶泡至五分滿。

3 注入奶泡至滿杯。

4 挖一球奶泡，搭配雕花筆製作頭部。

5 咖啡匙取適量奶泡，製作耳朵。

6 巧克力醬擠出眼睛。

7 巧克力醬擠出嘴巴、鼻子。

8 巧克力醬擠出耳朵。

9 畫筆沾上咖啡液，繪製臉的上半部。

10 輕巧的繪製，避免奶泡塌陷。

11 完成臉部繪製。

12 調整整體細節、咖啡液深淺。

13 確認腳部位置。

14 巧克力醬擠出腳部。

15 繪製對稱腳部。

16 成品如圖。

 吉祥兔兔

使用材料

濃縮咖啡液	適量
奶泡	適量
巧克力醬	適量
草莓醬	適量

使用器具

大湯匙
咖啡匙
雕花筆

1 徐徐注入奶泡。

2 注入奶泡至滿杯。

3 挖一球奶泡,搭配製作頭部。

4 咖啡匙取適量奶泡,製作小兔雙耳。

5 草莓醬擠出嘴巴、鬍鬚。

6 巧克力醬擠出眼睛、鼻子。

7 草莓醬擠出耳朵形狀。

8 耳朵內填滿草莓醬。

 # 頑皮娃

使用材料

濃縮咖啡液	適量
奶泡	適量
巧克力醬	適量
黃色甜味劑	適量

使用器具

大湯匙
咖啡匙
畫筆
雕花筆

1 徐徐注入奶泡。

2 注入奶泡至七分滿。

3 注入奶泡至滿杯。

4 挖一球奶泡，搭配雕花筆製作頭部。

5 往後拖曳奶泡，調整頭部形狀。

6 咖啡醬擠出眼睛。

7 咖啡醬擠出眉毛、鼻子、嘴巴。

8 畫筆沾上黃色甜味劑，妝點腮紅。

 # 可愛俏皮狗

使用材料		使用器具
濃縮咖啡液	適量	中湯匙
奶泡	適量	小湯匙
巧克力醬	適量	咖啡匙
桃色甜味劑	適量	畫筆
		雕花筆

1 徐徐注入奶泡。

2 注入奶泡至五分滿。

3 注入奶泡至滿杯。

4 中湯匙挖一球奶泡，搭配雕花筆製作頭部。

5 小湯匙挖一球奶泡，搭配咖啡匙製作毛髮。

6 重覆上述步驟，製作頭髮。

7 咖啡匙微調質感，完成毛髮部分。

8 畫筆沾上咖啡液，開始染髮。

9 避免用力過猛使奶泡塌陷，力道輕巧繪製毛髮。

10 巧克力醬擠出眼睛。

11 準備繪製尖形的「∪」，取出起始點。

12 巧克力醬擠出四點。

13 繪製微笑圖形。

14 巧克力醬擠出四點。

15 妝點狗鼻子。

16 桃色甜味劑妝點腮紅。

使用材料

濃縮咖啡液	適量
奶泡	適量
巧克力醬	適量

使用器具

大湯匙
中湯匙
咖啡匙
雕花筆

1 備妥濃縮咖啡液。

2 徐徐注入奶泡。

3 注入奶泡至滿杯。

4 挖一球奶泡，搭配雕花筆製作頭部。

5 咖啡匙取適量奶泡，製作耳朵。

6 重覆上述步驟，完成雙耳。

7 巧克力醬擠出耳朵、眼睛。

8 巧克力醬擠出鼻子、嘴巴。

9 巧克力醬擠出鬍鬚。

10 重覆上述步驟，製作對稱的鬍子。

11 巧克力醬擠出雀斑。

12 重覆上述步驟，完成雀斑。

13 繪製貓咪的虎班花紋。

14 完成貓咪的虎班花紋。

15 巧克力醬擠出舌頭。

16 舌頭中間繪製直線，完善整體造型。

 # 福氣貓

使用材料		使用器具
濃縮咖啡液	適量	中湯匙
奶泡	適量	咖啡匙
巧克力醬	適量	雕花筆

1 徐徐注入奶泡。

2 注入奶泡至八分滿。

3 注入奶泡至滿杯。

4 挖一球奶泡，搭配雕花筆製作頭部。

5 咖啡匙取適量奶泡，製作貓耳。

6 重覆上述步驟，完成對稱的雙耳。

7 巧克力醬擠出眼睛。

8 巧克力醬擠出耳朵。

9 重覆上述步驟，完成對稱的雙耳。

10 巧克力醬擠出嘴巴。

11 巧克力醬擠出鬍鬚。

12 重覆上述步驟，完成對稱的鬍鬚。

13 巧克力醬擠出腳掌。

14 重覆上述步驟，完成對稱的腳掌。

15 巧克力醬擠出小雀斑。

16 完成福氣貓。

使用材料   **使用器具**

濃縮咖啡液   適量   大湯匙
奶泡   適量   咖啡匙
巧克力醬   適量   畫筆
        雕花筆

1 徐徐注入奶泡。

2 注入至五分滿。

3 注入奶泡至滿杯。

4 挖一球奶泡,搭配雕花筆製作頭部。

5 咖啡匙取適量奶泡,製作手掌。

6 咖啡匙取適量奶泡,製作耳朵。

7 製作對稱的耳朵;湯匙取適量奶泡,製作鼻子。

8 微調整體造型,修飾整體。

9 完成臉部造型。

10 畫筆沾上咖啡液,繪製手部。

11 妝點眼睛、鼻子。

12 完成咖啡液繪製。

13 巧克力醬擠出耳朵。

14 巧克力醬擠出鼻子、嘴巴。

15 巧克力醬擠出眼睛。

16 巧克力醬繪製手掌。

使用材料		使用器具
濃縮咖啡液	適量	中湯匙
奶泡	適量	咖啡匙
巧克力醬	適量	筆畫
桃色甜味劑	適量	雕花筆

1 徐徐注入奶泡。

2 注入至八分滿。

3 注入奶泡至滿杯。

4 挖一球奶泡,搭配雕花筆製作頭部。

5 咖啡匙取適量奶泡,製作耳朵。

6 重覆上述步驟,完成耳朵。

7 湯匙取適量奶泡,以拖曳方式製作大象鼻子。

8 巧克力醬擠出耳朵。

9 巧克力醬擠出眼睛。

10 繪製對稱的眼睛。

11 巧克力醬擠出圓點。

12 完成象鼻。

13 將第一個象鼻圓點加大。

14 完成象鼻造型。

15 畫筆沾上桃色甜味劑,妝點腮紅。

16 巧克力醬微調細節,完成作品大象。

 ## 熊貓

使用材料

濃縮咖啡液	適量
奶泡	適量
巧克力醬	適量
綠色甜味劑	適量

使用器具

大湯匙
小湯匙
咖啡匙
畫筆
雕花筆

1 注入奶泡至滿杯。

2 大湯匙挖一球奶泡，搭配雕花筆製作頭部。

3 小湯匙取適量奶泡，製作熊貓耳朵。

4 巧克力醬擠出熊貓嘴巴。

5 巧克力醬擠出眼睛。

6 巧克力醬擠出耳朵。

7 下半部繪製五個半圓形。

8 畫筆沾上綠色甜味劑，妝點熊貓。

寧靜小汪

使用材料

濃縮咖啡液	適量
奶泡	適量
巧克力醬	適量

使用器具

中湯匙
咖啡匙
雕花筆

1 徐徐注入奶泡。

2 注入奶泡至滿杯。

3 挖一球奶泡，搭配雕花筆製作頭部。

4 重覆上述步驟，製作身體。

5 咖啡匙取適量奶泡，製作耳朵。

6 巧克力醬擠出耳朵、鼻子、眼睛。

7 妝點臉部表情。

8 根據整體造型繪製衣飾配件，也可以製作領結哦～

 歡樂小兔

使用材料

濃縮咖啡液	適量
奶泡	適量
巧克力醬	適量
桃色甜味劑	適量

使用器具

小湯匙
咖啡匙
雕花筆

1 徐徐注入奶泡。

2 注入奶泡至九分滿。

3 注入奶泡至滿杯。

4 挖一球奶泡,搭配咖啡匙製作頭部。

5 重覆上述步驟,完成身體部位。

6 咖啡匙取適量奶泡,完成腳部。

7 咖啡匙取適量奶泡,製作耳朵。

8 重覆上述步驟,完成耳朵。

9 桃色甜味劑,妝點腮紅。

10 巧克力醬擠出眼睛。

11 繪製對稱的眼睛。

12 巧克力醬繪製手部。

13 繪製對稱的手部。

14 調整手部細節。

15 完成手部繪製。

16 巧克力醬擠出鈕扣。

 愉悅貓咪

使用材料		使用器具
濃縮咖啡液	適量	大湯匙
奶泡	適量	小湯匙
巧克力醬	適量	咖啡匙
		雕花筆

1 徐徐注入奶泡。

2 注入奶泡至五分滿。

3 注入奶泡至滿杯。

4 挖一球奶泡,搭配雕花筆製作頭部。

5 挖一球奶泡,搭配咖啡匙完成腳部。

6 咖啡匙取適量奶泡,製作耳朵。

7 重覆上述步驟,完成耳朵。

8 巧克力擠出腳掌。

9 重覆上述步驟,完成腳掌。

10 巧克力擠出鼻子、嘴巴。

11 巧克力擠出鬍子。

12 完成鬍子的繪製。

13 巧克力醬擠出對稱的鬍子。

14 巧克力醬擠出眼睛。

15 完成愉悅貓咪的繪製。

16 咖啡匙取適量奶泡,製作尾巴。

使用材料		使用器具
濃縮咖啡液	適量	小湯匙
奶泡	適量	咖啡匙
巧克力醬	適量	畫筆
桃色甜味劑	適量	雕花筆
黃色甜味劑	適量	

1 徐徐注入奶泡。

2 注入奶泡至五分滿。

3 注入奶泡至滿杯。

4 挖一球奶泡，搭配雕花筆製作頭部。

5 拖曳奶泡，調整至理想形狀。

6 咖啡匙取適量奶泡，製作耳朵。

7 咖啡匙取適量奶泡，製作手部。

8 重覆上述步驟，完成手部。

9 巧克力醬擠出眼睛。

10 巧克力醬擠出鼻子。

11 巧克力講擠出嘴巴。

12 繪製耳朵。

13 完成耳朵繪製。

14 畫筆沾上桃色甜味劑，妝點腮紅。

15 黃色甜味劑，上色整體。

16 成品完成。

使用材料		使用器具
濃縮咖啡液	適量	大湯匙
奶泡	適量	咖啡匙
巧克力醬	適量	畫筆
橘色甜味劑	適量	雕花筆
桃色甜味劑	適量	
藍色甜味劑	適量	

1 徐徐注入奶泡。

2 注入奶泡至五分滿。

3 注入奶泡至滿杯。

4 挖一球奶泡，搭配雕花筆製作頭部。

5 巧克力醬擠出頭形。

6 勾勒邊角圓潤的長方形。

7 巧克力醬繪製頭髮。

8 巧克力醬擠出眼鏡。

9 繪製鼻子、嘴巴。

10 完成嘴巴的勾勒。

11 繪製舌頭圖案。

12 巧克力醬擠出皇冠。

13 畫筆沾上桃色甜味劑，塗滿舌頭。

14 橘色甜味劑妝點皇冠、嘴巴。

15 藍色甜味劑妝點頭部。

16 巧克力醬擠上眼睛。

Chapter 4

平面雕花

 # 串串心連心

使用材料

濃縮咖啡液	適量
奶泡	適量
巧克力醬	適量

使用器具

雕花筆

1 徐徐注入奶泡。

2 注入奶泡至五分滿。

3 注入奶泡至滿杯。

4 杯側以巧克力醬左右繪製曲線。

5 繪製圖形。

6 雕花筆在上方取起始點。

7 由上往右下拉線。

8 完成圖形繪製。

使用材料

濃縮咖啡液	適量
奶泡	適量
巧克力醬	適量

使用器具

雕花筆

1 備妥濃縮咖啡液。

2 徐徐注入奶泡。

3 注入奶泡至滿杯。

4 以彎曲線條畫上巧克力醬。

5 巧克力醬畫上兩個小圓。

6 由左上往右下拉線。

7 由右下往右上拉線。

8 完成愛心繪製。

 # 葉子愛心

使用材料

濃縮咖啡液　　　適量
奶泡　　　　　　適量
巧克力醬　　　　適量

使用器具

雕花筆

1 備妥濃縮咖啡液。

2 徐徐注入奶泡。

3 注入奶泡至滿杯。

4 以彎曲線條畫上巧克力醬。

5 右側同樣畫上線條。

6 線條左側向右下方拉線。

7 線條右側向右上方拉線。

8 完成線條愛心圖形。

☕ 楓葉

使用材料 | **使用器具**
濃縮咖啡液　適量 | 雕花筆
奶泡　　　　適量
巧克力醬　　適量
桃色甜味劑　適量

1 備妥濃縮咖啡液。

2 徐徐注入奶泡。

3 注入奶泡至滿杯。

4 以巧克力醬畫上小圓。

5 以巧克力醬畫上大圓。

6 以東西南北方向向外側拉線條。

7 第一個方向完成。

8 再由另一個缺口，以同樣方式畫線。

9 第二個方向完成。

10 由二個點中間向中心畫線。

11 每個線條平均繪至中心點。

12 最後一條線向下壓即可平均。

13 楓葉圖完成。

14 在兩個葉片中間，點上桃色甜味劑。

15 平均點上桃色圓點。

16 完成楓葉。

使用材料

濃縮咖啡液	適量
奶泡	適量
巧克力醬	適量
桃色甜味劑	適量

使用器具

雕花筆

1 備妥濃縮咖啡液。

2 徐徐注入奶泡。

3 注入奶泡至七分滿。

4 注入奶泡至九分滿。

5 注入奶泡至滿杯。

6 如圖所示。

7 以巧克力醬畫上小圓。

8 以巧克力醬畫上大圓。

9 以東西南北方向向外拉線條。

10 再畫向外動作。

11 平均間隔向外畫線。

12 如圖所示。

13 內側小圓取一個起始點,以順時針方向畫圓。

14 以順時針方向向左畫圓。

15 在兩側凹處點上桃色甜味劑。

16 平均妝點。

 # 歡樂聖誕樹

使用材料		使用器具
濃縮咖啡液	適量	雕花筆
奶泡	適量	
巧克力醬	適量	
巧克力米	適量	

1 徐徐注入奶泡。

2 注入奶泡至滿杯。

3 以巧克力醬畫上三角形。

4 在巧克力醬尖端畫下二條直線。

5 點上巧克力醬。

6 以左右 8 字形向下繪製圖案。

7 向下平均繪製 8 字形。

8 重覆上述步驟，繪製 8 字形。

9 重覆上述步驟，繪製 8 字形。

10 重覆上述步驟，繪製 8 字形。

11 重覆上述步驟，繪製 8 字形。

12 將聖誕樹完成。

13 從巧克力圓點中心向外快速拉出短線條。

14 一顆星星繪製四次，將所有星星完成。

15 撒上巧克力米。

16 放上星形巧克力米，完成聖誕樹。

使用材料　　　　　**使用器具**

濃縮咖啡液　　適量　雕花筆

奶泡　　　　　適量

巧克力醬　　　適量

巧克力米　　　適量

1 備妥濃縮咖啡液。

2 徐徐注入奶泡。

3 注入奶泡至九分滿。

4 注入奶泡至滿杯。

5 以巧克力醬繪製ㄷ字形。

6 重覆上述步驟，繪製圖形。

7 雕花筆取起始點，向下繪製 8 字形。

8 重覆上述步驟，繪製 8 字形。

9 重覆上述步驟，繪製 8 字形。

10 重覆上述步驟，繪製 8 字形。

11 重覆上述步驟，繪製 8 字形。

12 重覆上述步驟，繪製 8 字形。

13 重覆上述步驟，繪製 8 字形。

14 重覆上述步驟，繪製 8 字形。

15 調整杯子角度。

16 平均灑上巧克力米。

 閃耀聖誕樹

使用材料		使用器具
濃縮咖啡液	適量	雕花筆
奶泡	適量	
巧克力醬	適量	

1 備妥濃縮咖啡液。

2 徐徐注入奶泡。

3 注入奶泡至滿杯。

4 以巧克力醬繪製三條橫線。

5 完成傘狀巧克力醬。

6 以波浪狀繪製線條。

7 起始於巧克力醬上緣繪製半圓形。

8 連接到下緣，流暢的繪製半圓。

9 重覆上述步驟，繪製連續不間斷的波浪。

10 將五條聖誕樹畫完。

11 巧克力醬於頂端繪製一小橫。

12 以波浪狀繪製線條。

13 點上巧克力醬。

14 從巧克力圓點中心向外快速拉出短線條。

15 一顆星星繪製四次，將所有星星完成。

16 完成聖誕樹。

使用材料　　　　**使用器具**

濃縮咖啡液　　適量　雕花筆
奶泡　　　　　適量
巧克力醬　　　適量

1 備妥濃縮咖啡液。

2 徐徐注入奶泡。

3 注入奶泡至滿杯。

4 取出畫圓起始點。

5 沿著杯緣畫圓。

6 巧克力醬畫圓繞圈。

7 巧克力醬畫圓繞圈。

8 繪製一圈。

9 巧克力醬畫圓繞圈。

10 完成圖形繪製。

11 如圖所示。

12 於左側圓圈中心起始繪製。

13 朝內以螺旋方式繪製。

14 繼續以螺旋方式繪製。

15 完成愛心的串連。

16 如圖所示。

使用材料		使用器具
濃縮咖啡液	適量	咖啡匙
奶泡	適量	雕花筆
巧克力醬	適量	

1 備妥濃縮咖啡液。

2 徐徐注入奶泡。

3 注入奶泡至滿杯。

4 咖啡匙取適量奶泡，點上奶泡。

5 咖啡匙取適量奶泡，點上三點奶泡。

6 咖啡匙取適量奶泡，點上六點奶泡。

7 巧克力醬繞著奶泡繪製外圍線條。

8 完成繞圈。

9 雕花筆取起始點。

10 於外圍繪製大圈。

11 重複上述步驟，於外圍繪製大圈。

12 重複上述步驟，於外圍繪製大圈。

13 重複上述步驟，於外圍繪製大圈。

14 重複上述步驟，於外圍繪製大圈。

15 重複上述步驟，於外圍繪製大圈。

16 俐落勾起收尾，避免破壞。

☕ 楓葉情 A

使用材料		使用器具
濃縮咖啡液	適量	雕花筆
奶泡	適量	
巧克力醬	適量	
黃色甜味劑	適量	
綠色甜味劑	適量	

1 備妥濃縮咖啡液。

2 徐徐注入奶泡。

3 注入奶泡至滿杯。

4 巧克力醬擠出小圓。

5 巧克力醬擠出大圓。

6 以對角線向外畫線。

7 重複上述步驟，以對角線向外畫線。

8 取中心向內畫線。

9 重複上述步驟，取中心向內畫線。

10 重複上述步驟，取中心向內畫線。

11 重複上述步驟，取中心向內畫線。

12 完成楓葉狀。

13 空白處點上綠色甜味劑。

14 重複上述步驟，空白處點上綠色甜味劑。

15 空白處點上黃色甜味劑。

16 重複上述步驟，完成整體造型。

使用材料

濃縮咖啡液　　適量
奶泡　　　　　適量
巧克力醬　　　適量

使用器具

雕花筆

1 備妥濃縮咖啡液。

2 徐徐注入奶泡。

3 注入奶泡至滿杯。

4 巧克力醬擠出小圓。

5 巧克力醬擠出大圓。

6 東西南北方向向外畫線。

7 取中心點向外畫線。

8 完成繪製。

9 取中心點向內畫線。

10 重複上述步驟，取中心點向內畫線。

11 重複上述步驟，取中心點向內畫線。

12 重複上述步驟，取中心點向內畫線。

13 重複上述步驟，完成繪製。

14 巧克力醬於空白處擠兩點。

15 重複上述步驟，於空白處擠兩點。

16 中心點上一點，完成作品。

使用材料

濃縮咖啡液　　適量
奶泡　　　　　適量
巧克力醬　　　適量

使用器具

雕花筆

1 徐徐注入奶泡。

2 注入奶泡至九分滿。

3 注入奶泡至滿杯。

4 巧克力醬擠一小圈。

5 巧克力醬擠第二圈。

6 巧克力醬擠第三圈。

7 雕花筆取中心點。

8 由中往外畫線。

9 重複上述步驟，由中往外畫線。

10 重複上述步驟，由中往外畫線。

11 由外往內畫線。

12 重複上述步驟，由外往內畫線。

13 重複上述步驟，由外往內畫線。

14 重複上述步驟，完成繪製。

15 雕花筆戳入中心點，調整奶泡、巧克力醬分佈。

16 完成作品。

使用材料　　　　　**使用器具**

濃縮咖啡液　　適量　　雕花筆
奶泡　　　　　適量
巧克力醬　　　適量

1 備妥濃縮咖啡液。

2 徐徐注入奶泡。

3 注入奶泡至滿杯。

4 巧克力醬於中心擠一條直線。

5 畫上巧克力醬十字。

6 畫上巧克力醬米字。

7 完成巧克力醬米字繪製。

8 從中心向外，螺旋圈畫。

9 重複上述步驟，從中心向外螺旋圈畫。

10 重複上述步驟，從中心向外螺旋圈畫。

11 重複上述步驟，從中心向外螺旋圈畫。

12 重複上述步驟，從中心向外螺旋圈畫。

13 重複上述步驟，從中心向外螺旋圈畫。

14 重複上述步驟，從中心向外螺旋圈畫。

15 重複上述步驟，從中心向外螺旋圈畫。

16 完成作品。

使用材料		使用器具
濃縮咖啡液	適量	雕花筆
奶泡	適量	
巧克力醬	適量	

1 備妥濃縮咖啡液。

2 徐徐注入奶泡。

3 注入奶泡至滿杯。

4 巧克力醬擠出兩個半圓形。

5 巧克力醬擠出第三個半圓形。

6 巧克力醬擠出花紋。

7 重複上述步驟，完成花紋。

8 巧克力醬完成花紋繪製。

9 繪製另一邊花紋，中間勾出頸部。

10 繪製頸部。

11 加深巧克力醬。

12 雕花筆取起始點。

13 繪製線條。

14 重複上述步驟，繪製直線。

15 重複上述步驟，繪製直線。

16 重複上述步驟，繪製直線。

17 重複上述步驟，繪製直線。

18 重複上述步驟，完成羽毛繪製。

19 雕花筆取起始點。

20 由下往上繪製。

21 雕花筆取起始點。

22 由下往上繪製。

23 雕花筆戳入孔雀頭部。

24 短促的往下拉勾。

25 巧克力醬加深孔雀身體。

26 巧克力醬加深孔雀頭部。

27 檢視整體構圖，微調孔雀。

28 完成作品。

 # 心連心

使用材料

濃縮咖啡液	適量
奶泡	適量
巧克力醬	適量
綠色甜味劑	適量
桃色甜味劑	適量

使用器具

雕花筆

1 備妥濃縮咖啡液。

2 注入奶泡至五分滿。

3 注入奶泡至滿杯。

4 巧克力醬擠出花紋。

5 雕花筆從上往下畫。

6 完成圖形繪製。

7 點上桃色甜味劑。

8 點上綠色甜味劑。

使用材料　　　**使用器具**

濃縮咖啡液　適量　雕花筆
奶泡　　　　適量

1 備妥濃縮咖啡液。

2 中心處徐徐注入奶泡。

3 手慢慢往後拉，注入奶泡至七分滿。

4 小幅度左右晃動，注入奶泡至九分滿。

5 注入奶泡至滿杯，往前收尾。

6 雕花筆取適量咖啡液。

7 點上眼睛。

8 對稱點上眼睛。

9 雕花筆取適量咖啡液。

10 點上嘴巴。

11 繪製鼻子。

12 如圖所示。

13 以短促的力道拖曳眼睛，製作睫毛。

14 重複上述步驟，製作睫毛。

15 重複上述步驟，製作睫毛。

16 完成作品。

使用材料

濃縮咖啡液　　適量
奶泡　　　　　適量

使用器具

雕花筆

1 徐徐注入奶泡。

2 注入奶泡至滿杯。

3 取適量奶泡點上。

4 拖曳成一條奶泡。

5 雕花筆取起始點。

6 朝右繪製。

7 朝左繪製。

8 朝右繪製。

9 朝左繪製。

10 左右畫線。

11 重複上述步驟，左右平均畫線。

12 重複上述步驟，平均畫線。

13 重複上述步驟，平均畫線。

14 重複上述步驟，完成圖形繪製。

15 取中心線向前畫。

16 完成作品。

使用材料　　　　　　　**使用器具**

濃縮咖啡液　　適量　　　雕花筆
奶泡　　　　　適量
巧克力醬　　　適量
綠色甜味劑　　適量
桃色甜味劑　　適量

1 徐徐注入奶泡。

2 注入奶泡至八分滿。

3 注入奶泡至滿杯。

4 巧克力醬擠出直線。

5 巧克力醬擠出直線。

6 繪製雨傘樣式。

7 由上往下拖曳線條。

8 重複上述步驟，拖曳線條。

9 重複上述步驟，拖曳線條。

10 重複上述步驟，拖曳線條。

11 重複上述步驟，拖曳線條。

12 重複上述步驟，拖曳線條。

13 重複上述步驟，拖曳線條。

14 重複上述步驟，拖曳線條。

15 點上綠色甜味劑。

16 點上桃色甜味劑。

使用材料

濃縮咖啡液	適量
奶泡	適量
巧克力醬	適量

使用器具

雕花筆

1 徐徐注入奶泡。

2 注入奶泡至八分滿。

3 注入奶泡至滿杯。

4 巧克力醬畫一圓形。

5 繪製一個月亮造型。

6 完整收口。

7 巧克力醬擠出眼睛、眉毛。

8 雕花筆向左勾勒，繪製鼻子。

9 雕花筆向右勾勒，繪製嘴巴。

10 由中心往外，以短促的力道勾勒。

11 完成星形。

12 由外往內拉線。

13 重複上述步驟，由外往內拉線。

14 重複上述步驟，由外往內拉線。

15 重複上述步驟，完成小星造型。

16 完成作品。

☕ 巧克力森林

使用材料

濃縮咖啡液	適量
奶泡	適量
巧克力醬	適量

使用器具

雕花筆

1 備妥濃縮咖啡液。

2 徐徐注入奶泡。

3 注入奶泡至滿杯。

4 巧克力醬左右畫線。

5 雕花筆取起始點。

6 以間隔一公分，向下垂直畫線。

7 間距一公分向下畫線。

8 重複上述步驟，平均畫線。

9 完成繪製。

10 取中心點向上繪製。

11 以平均線間距向上畫。

12 平均向上畫線。

13 重複上述步驟，平均畫線。

14 重複上述步驟，平均畫線。

15 檢視整體圖形，微調圖案。

16 成品完成。

使用材料　　　　　**使用器具**

濃縮咖啡液　適量　小湯匙
奶泡　　　　適量　雕花筆

1 徐徐注入奶泡。

2 注入奶泡至六分滿。

3 注入奶泡至滿杯。

4 小湯匙取適量奶泡，在中心點上奶泡。

5 重覆上述步驟，在中心外圍點上奶泡。

6 完成一圈奶泡。

7 雕花筆取奶泡中心戳入。

8 往中心拖曳。

9 雕花筆取奶泡中心戳入。

10 往中心拖曳。

11 重複上述步驟，依序畫線。

12 重複上述步驟，依序畫線。

13 重複上述步驟，依序畫線。

14 重複上述步驟，依序畫線。

15 重複上述步驟，依序畫線。

16 重複上述步驟，完成作品。

 棉花糖奇兵

使用材料

濃縮咖啡液	適量
奶泡	適量
巧克力醬	適量
棉花糖	適量

使用器具

竹籤

1 備妥濃縮咖啡液。

2 徐徐注入奶泡。

3 注入奶泡至八分滿。

4 注入奶泡至九分滿。

5 注入奶泡至滿杯。

6 竹籤串起棉花糖小兵，放上咖啡，以咖啡醬點綴細節。

 酷貓

使用材料

濃縮咖啡液	適量
奶泡	適量
巧克力醬	適量

使用器具

無

1 徐徐注入奶泡。

2 注入奶泡至八分滿。

3 注入奶泡至滿杯。

4 巧克力醬擠出眉毛。

5 巧克力醬擠出眼睛。

6 巧克力醬擠出鼻子、嘴巴。

7 巧克力醬擠出鬍鬚。

8 完成鬍子與整體造型。

 # 流星

使用材料

濃縮咖啡液	適量
奶泡	適量
巧克力醬	適量

使用器具

小湯匙
雕花筆

1 注入奶泡至滿杯。

2 湯匙取適量奶泡，以奶泡倒成小圈。

3 拖曳奶泡倒成小圈。

4 湯匙取適量奶泡，取另一個方向。

5 拖曳奶泡倒成小圈。

6 重複上述步驟，完成小圓。

7 雕花筆取起始點。

8 向中心畫線。

9 外圈向中心畫線。

10 重複上述步驟，外圈向中心畫線。

11 完成繪製。

12 中心取起始點，向外畫線。

13 重複上述步驟，向外畫線。

14 完成圖形繪製。

15 巧克力醬擠出小圓點。

16 妝點作品。

微笑太陽

使用材料

濃縮咖啡液	適量
奶泡	適量
巧克力醬	適量

使用器具

雕花筆

1 徐徐注入奶泡。

2 注入奶泡至五分滿。

3 注入奶泡至滿杯。

4 巧克力醬擠出兩個圓。

5 雕花筆取中心起始點，向外畫線。

6 東西南北向外畫線。

7 依序再向外畫線。

8 重複上述步驟，繪製圖形。

9 完成圖形繪製。

10 取中心間距，向外繪製。

11 重複上述步驟，繪製圖形。

12 重複上述步驟，完成圖形。

13 雕花筆取線條中間位置，順時針拖曳。

14 重複上述步驟，拖曳圖形。

15 重複上述步驟，完成圖形繪製。

16 雕花筆取外圍位置，逆時針拖曳。

17 重複上述步驟，拖曳圖形。

18 重複上述步驟，完成圖形繪製。

19 巧克力醬擠上眼睛。

20 巧克力醬擠上微笑。

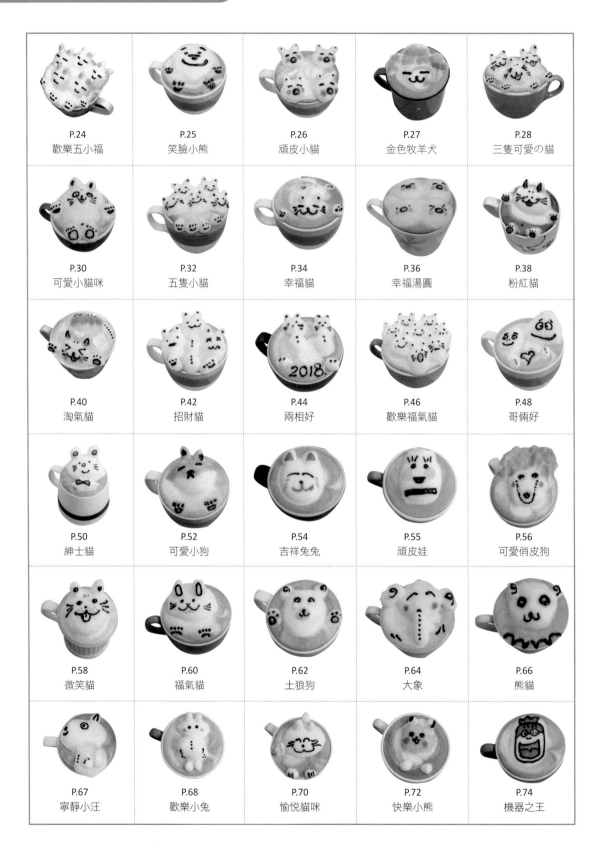

P.77 串串心連心	P.78 雙囍愛心	P.79 葉子愛心	P.80 楓葉	P.82 曜日
P.84 歡樂聖誕樹	P.86 波紋聖誕樹	P.88 閃耀聖誕樹	P.90 愛無止盡	P.92 幾何花形
P.94 楓葉情 A	P.96 楓葉情 B	P.98 楓葉情 C	P.100 心曠神怡	P.102 孔雀
P.105 心連心	P.106 情人	P.108 羽毛	P.110 雨傘	P.112 皎潔明月
P.114 巧克力森林	P.116 繁星	P.118 棉花糖奇兵	P.119 酷貓	P.120 流星	P.122 微笑太陽

各種派塔切面圖一目了然

派皮、餡料、裝飾製作詳細圖解

逾70款鹹派、甜派、慕斯塔、水果塔

西點烘焙圖解

從鹹派到甜塔

麥田金 著

西點烘焙圖解

從鹹派到甜塔

麥田金 著

天地

無論是蘋果派、香腸派、鮮果塔或葡塔，只要跟隨本書的配方組合和詳細圖解步驟，在家就可輕鬆做出逾70款媲美五星級酒店的精美西點，令家人、朋友看到就驚艷，吃起來更是眼睛發亮，欲罷不能！

f 天地圖書 |Q

http://e.weibo.com/hkcosmosbooks

www.CosmosBooks.com.hk

各種派塔切面圖　派皮、餡料、裝飾製作　逾70款
一目了然　　　詳細圖解　　　鹹派、甜派、慕斯塔、水果塔

生皮生餡

養生黃金南瓜小塔

份　量　6個　　　使用模具　SN6072 圓塔模

賞味建議　冷藏 3 天

美式塔皮｜材料

天然酸酵無鹽奶油	65g
鹽	1g
糖粉	35g
全蛋	25g
天然香草莢醬	1g
低筋麵粉	125g
奶粉	5g

美式塔皮｜製作

❶ 麵糰製作請參照第 22、23 頁「美式/台式派皮」製作1～4。

❷ 將做好的塔皮從冰箱取出，分割每個 40g，入模，修邊。

南瓜泥餡｜材料

動物性鮮奶油	40g	全蛋	70g
蒸熟南瓜泥	140g	蘭姆酒	5g
細砂糖	20g	杏仁粉	45g

南瓜泥餡｜製作

請參照第35頁「南瓜派餡」製作

南瓜卡士達餡｜材料

奶	80g
士達粉	25g
熟南瓜泥	40g
奶油香堤	50g
酒	10g

南瓜卡士達餡｜製作

❶ 將鮮奶、卡士達粉、蒸熟南瓜泥以打蛋器攪拌均勻，靜置 5 分鐘。

❷ 續入鮮奶油香堤、蘭姆酒，以打蛋器攪勻即可。

材料　插卡　6 張

＞烤焙 ＞裝飾

❶ 將南瓜泥餡 50g 填入塔皮中，放入預熱好的烤箱，以全火 180℃，烤焙 20 分鐘後，調頭，續烤 5～8 分鐘，出爐。

❷ 南瓜卡士達餡裝入擠花袋，擠於烤熟的塔上，每個約 30g，放入冰箱冷藏 1 小時。

❸ 冷藏完成後，放上插卡，完成。

法式鹹派皮

中筋麵粉	140g	細砂糖			～6
無水奶油 (澄清奶油)	85g	冰水	35g	「法式鹹派皮」	
鹽	3g				

夏威夷派餡｜材料

鮮蝦	20 隻	鹽	2g	
鯛魚	1 片	白酒	20g	
小章魚	20 隻	粗黑胡椒粒	10g	
花枝	1/2 隻			
蒜頭	5 顆			

裝飾｜材料

蟹肉棒	5 根	雙色起司絲	80g
罐頭鳳梨片	4 片		
耐烤乳酪丁	120g		
蛋奶醬汁	160g		

※ 蛋奶醬汁製作請參考第 83 頁

夏威夷派餡｜製作

❶ 鮮蝦去殼，背部劃一刀，去泥腸；鯛魚片切小塊，花枝切小塊，小章魚洗淨，放入鋼盆中，以鹽和白酒醃製 10 分鐘。

❸ 起油鍋，炒香切片蒜頭，放入鮮蝦、鯛魚、花枝及小章魚拌炒至 8 分熟，淋入白酒，以鹽及粗黑胡椒粒調味，略降溫備用。

組合 ＞烤焙

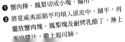

❶ 蟹肉棒、鳳梨切成小塊，備用。

❷ 將夏威夷派餡平均填入派皮中，鋪平，再擺放蟹肉塊、鳳梨塊及耐烤乳酪丁，淋上蛋奶醬汁，撒上起司絲。

www.cosmosbooks.com.hk

書　　名	從平面到立體　咖啡拉花圖解
作　　者	張增鵬
責任編輯	林苑鶯
封面設計	何志恒

出　　版　　天地圖書有限公司
香港皇后大道東109-115號
智群商業中心15字樓（總寫字樓）
電話：2528 3671　傳真：2865 2609

香港灣仔莊士敦道30號地庫/ 1樓（門市部）
電話：2865 0708　傳真：2861 1541

發　　行　　香港聯合書刊物流有限公司
香港新界大埔汀麗路36號中華商務印刷大廈3字樓
電話：2150 2100　傳真：2407 3062

出版日期　　2018年4月/ 初版
（版權所有‧翻印必究）
© COSMOS BOOKS LTD. 2018
ISBN：978-988-8258-54-3